JN061224

はじめに

　複式農業簿記は、自分で記帳ができ、経営改善につながる段階まで身につけなければ体得したとは言えません。複式農業簿記の教科書を使い、ひと通り学習を終えた人ですら、帳簿を前にして鉛筆が止まってしまったという声が寄せられています。仕組みの理解と実践との間には少なからずギャップがあるようです。

　本書は、全国農業図書『令和版　「わかる」から「できる」へ　複式農業簿記実践テキスト』（R02-05）の姉妹書として表紙等のデザインを一新。テキストに対応した演習問題を収録し、基本知識の確認から実践レベルの演習まで幅広い範囲をカバーしています。

　令和版への改訂にあたり、長きにわたり複式農業簿記を指導している都道府県農業会議の協力をいただきました。本書が農業者の複式農業簿記を身につける一助になれば幸いです。

令和３年５月　一般社団法人全国農業会議所

もくじ

本書の使い方

本書は全国農業図書『令和版　「わかる」から「できる」へ　複式農業簿記実践テキスト』(R02-05) に対応した実践的な演習帳です。テキストの対応ページを問題の左上に記載しており、テキストによる学習と併せて演習問題にチャレンジすることで、飛躍的に学習効果が高まります。

演習に当たっては、別冊の解答用紙をご利用ください。

【テキスト3頁、15～16頁】

問1

次のうち簿記上の取引となるものには○印を、そうでないものには×印を（　）の中につけなさい。また、想定される勘定科目を記しなさい（解答用紙1頁）。

	○ or ×	想定される勘定科目	
（1）肥料￥5,000を購入し、現金で支払った。	（　）	（　）	（　）
（2）軽トラックを￥500,000で購入し、代金を普通預金から支払った。	（　）	（　）	（　）
（3）農協に￥300,000の借金を申し込んだ。	（　）	（　）	（　）
（4）A商店に大根￥37,000を現金で販売した。	（　）	（　）	（　）
（5）農薬￥23,000を買い、代金は後払いとした。	（　）	（　）	（　）
（6）現金￥120,000をB銀行に預け入れた。	（　）	（　）	（　）
（7）火災にあい、納屋を焼失した。	（　）	（　）	（　）
（8）パート賃金￥30,000を現金で支払った。	（　）	（　）	（　）
（9）C商店とトラクターを￥1,000,000で買う契約を結んだ。	（　）	（　）	（　）
（10）未払金￥23,000を現金で支払った。	（　）	（　）	（　）

解答するうえでの留意点

1．勘定科目を2つ以上想定し、取引かどうかを判断する。取引にならなければ、勘定科目はない。この問題では勘定科目の左右の位置は問わない。

2．勘定科目は資産・負債・資本・費用・収益のいずれかに属するかもあわせて理解する。

問2 次の各問に答えなさい（解答用紙1～2頁）。

（1）期首（××年1月1日）の財産の残高は次のとおりであった。資本の額を計算し、期首の貸借対照表を作成しなさい。

現　　金	253,000	普通預金	2,515,000
売 掛 金	250,000	建　　物	2,000,000
構 築 物	400,000	機械装置	1,854,000
車両運搬具	650,000	土　　地	2,000,000
買 掛 金	185,000	長期借入金	873,000

（2）期末（××年12月31日）の財産の残高は次のとおりであった。資本の額を計算し、期末の貸借対照表を作成しなさい。

現　　金	347,000	普通預金	3,653,000
売 掛 金	234,000	建　　物	2,300,000
構 築 物	300,000	機械装置	1,704,000
車両運搬具	550,000	土　　地	2,000,000
買 掛 金	144,000	長期借入金	773,000

（3）期末資本から期首資本を差し引いて、この期間の純損益を計算しなさい。

（4）××年1月1日から同年12月31日までの1年間に発生した費用、収益は次のとおりであった。この期間の純利益（または純損失）を計算し、損益計算書を作成しなさい。

肥 料 費	173,000	玄米売上高	1,150,000
農 薬 費	93,000	大根売上高	1,274,000
諸材料費	259,000	雑 収 入	102,000
修 繕 費	134,000		
支払利息	10,000		
減価償却費	550,000		

解答するうえでの留意点

1．貸借対照表の作成の仕方を学ぶ。
　（1）資産、負債、資本の勘定科目の構成と並び方
　（2）資産－負債＝資本（金）の理解
2．期末資本－期首資本＝純利益（純損失）……資本の部に表わされる。純利益は資本を増加させることを理解する。
3．収益－費用＝純利益（純損失）……2の純利益（純損失）と同額になる。

問3 次の表の空欄に金額を記入しなさい（解答用紙3頁）。

	期首 B/S			期末 B/S			P/L		純利益または純損失
	資　産	負　債	資　本	資　産	負　債	資　本	費　用	収　益	
A		32,000	36,000	72,000	41,000		43,000		
B	2,700	1,200			700			1,900	300
C		4,800		15,200		8,800	5,600		1,600
D	18,000			18,500		1,500		31,000	▲7,000

解答するうえでの留意点

1．次の４つの式から答を求める。

（1）資産＝負債＋資本……貸借対照表等式

（2）資産－負債＝資本……資本等式

（3）収益－費用＝純利益（純損失）……損益計算書

（4）期末資本－期首資本＝純利益（純損失）……貸借対照表

2．1．の式から1ヶ所空欄の部分を先に求める。

【テキスト17～18頁、40～43頁】

問4 次のものはそれぞれ資産、負債、資本、費用、収益のどれに該当するか、（　）の中に書きなさい（解答用紙3頁）。

現　　金（　　）	売掛金（　　）	未払金（　　）
農薬費（　　）	車両運搬具（　　）	農　　薬（　　）
大根売上高（　　）	資本金（　　）	修繕費（　　）
乳　　牛（　　）	肥　　料（　　）	普通預金（　　）
肥料費（　　）	借入金（　　）	預り金（　　）
定期預金（　　）	玄　　米（　　）	種苗費（　　）
事業主借（　　）	飼料費（　　）	土　　地（　　）
未収金（　　）	荷造運賃手数料（　　）	牛乳売上高（　　）
買掛金（　　）	機械装置（　　）	事業主貸（　　）
支払利息（　　）	飼　　料（　　）	専従者給与（　　）
建　　物（　　）	雑収入（　　）	果　　樹（　　）

解答するうえでの留意点

1. 資産・負債・資本・費用・収益勘定のどの勘定に属するかを学ぶ。
2. 勘定科目の意味・内容を理解する。

【テキスト18～20頁、23～25頁】

問5 取引要素の結合関係を例にならって書きなさい（解答用紙4頁）。

（例）《現金を預金した》⇒
①普通預金の増加 ←→ ②現金の減少

① 普通預金から現金を引き出した。
② 肥料を現金で買った。
③ 農薬を代金後日払いで買った。
④ 玄米を現金で売った。
⑤ 大根を代金は後日受け取る約束で売った。
⑥ 農薬の未払代金を現金で支払った。
⑦ 大根の未収代金が普通預金に入金された。
⑧ 農協から現金を借り入れた。
⑨ ナシを販売し、出荷手数料が差し引かれ、残りを現金で受け取った。
⑩ 普通預金から家計費を引き出した。

解答するうえでの留意点

1．勘定科目を決定し、資産・負債・資本・費用・収益のどの勘定に属するのか、あわせてそれが増加したか減少したかを判断する。
2．1．の結果を取引の８要素に従い、左右に振り分ける。
3．増加←→減少、減少←→増加のみならず増加←→増加、減少←→減少もある。

問6 次の取引を仕訳しなさい（解答用紙５頁）。

1月10日	玄米￥200,000を販売し、その代金が普通預金Ａに入金された。
11日	普通預金Ａから現金￥50,000を引き出した。
12日	肥料￥20,000を現金で購入した。
13日	農薬￥8,000を買い、代金は普通預金Ａから支払った。
14日	農協から￥500,000を半年返済の約束で借り入れ、普通預金Ｂに入金された。
15日	白菜￥180,000を販売し、代金は後日受け取ることとした。
17日	１日～10日までの牛乳売上高が￥300,000で、出荷手数料・運賃￥15,000が差し引かれ、残金が普通預金Ａに入金された。
18日	飼料￥120,000を購入し、その代金は後日払いとした。
20日	家計費として￥100,000を普通預金Ｂから引き出し、妻に渡した。
21日	トラクター￥2,000,000を購入し、その代金は後日支払うこととした。（未払金）
22日	長男の専従者給与￥150,000を、源泉所得税￥2,980を控除した上で、普通預金Ａから支払った。
23日	18日の買掛金￥120,000を普通預金Ｂから支払った。
25日	農業委員手当が町から￥18,000普通預金Ａに入金された。
26日	15日の売掛金￥180,000を現金で回収した。
28日	短期借入金￥100,000を返済し、利息￥3,000とともに普通預金Ｂから支払った。
30日	ロープ￥3,000を買い、妻の財布（家計）から現金で支払った。

解答するうえでの留意点

1．勘定科目を決定する。
2．取引の８要素に従い、左右に振り分け、金額を記入する。
3．農業経営では、現金・預金の出入りに関係する取引が多いので、次の仕訳が大部分を占める。

〈現金・預金が増加する場合〉
（借）現金 or 普通預金　（貸）①収益勘定
②事業主借
③資本勘定

〈現金・預金が減少する場合〉
（借）①費用勘定　（貸）現金 or 普通預金
②事業主貸
③負債勘定

4．農業経営と家計の財務分離を行い、資本勘定の事業主貸・事業主借の仕訳を理解する。

問７ 次の仕訳からどのような取引があったかを推定しなさい（解答用紙６頁）。

	借　方		貸　方	
（1）	肥　料　費	20,000	現　　　金	20,000
	（内容）			
（2）	普通預金Ａ	50,000	現　　　金	50,000
	（内容）			
（3）	売　掛　金	76,000	玄米売上高	76,000
	（内容）			
（4）	農　薬　費	17,000	事業主借	17,000
	（内容）			
（5）	現　　　金	90,000	短期借入金	90,000
	（内容）			
（6）	事業主貸	100,000	普通預金Ｂ	100,000
	（内容）			
（7）	普通預金Ａ	285,000	牛乳売上高	300,000
	荷造運賃手数料	15,000		
	（内容）			
（8）	現　　　金	35,000	売　掛　金	35,000
	（内容）			
（9）	普通預金Ａ	26,000	大根売上高	26,000
	（内容）			
（10）	未　払　金	500,000	普通預金Ｂ	500,000
	（内容）			
（11）	機械装置	200,000	普通預金Ａ	200,000
	（内容）			
（12）	長期借入金	100,000	普通預金Ｂ	105,000
	支払利息	5,000		
	（内容）			

解答するうえでの留意点

１．勘定科目の左右の位置から、取引の８要素に従い取引の内容を推定する。

問8 問題6で仕訳した結果を元帳に転記しなさい（解答用紙7〜10頁）。

解答するうえでの留意点

1．仕訳帳の借方（左側）にある勘定科目の元帳に、借方（左側）にある金額をそのまま借方（左側）に入れる。
2．同じ仕訳で、貸方（右側）にある金額を、そのままその勘定科目の元帳の貸方（右側）に入れる。
3．元帳の「摘要」欄には仕訳帳の相手方勘定科目を記入する。なお、相手科目が複数になる場合は「諸口」と記入する。

問9 次の元帳の記入から日付（番号）順に取引を推定しなさい（解答用紙11頁）。

現　金

日付	摘要	借方	貸方
1/10	普通預金		1,000
1/15	借入金	5,000	

普通預金

日付	摘要	借方	貸方
1/10	現金	1,000	

売掛金

日付	摘要	借方	貸方
1/25	玄米売上高	7,000	

買掛金

日付	摘要	借方	貸方
1/20	飼料費		3,000

借入金

日付	摘要	借方	貸方
1/15	現金		5,000

飼料費

日付	摘要	借方	貸方
1/20	買掛金	3,000	

玄米売上高

日付	摘要	借方	貸方
1/25	売掛金		7,000

【テキスト29～33頁】

問10 次の元帳残高から合計残高試算表を作成しなさい（解答用紙12頁）。

（××年12月31日現在）

現　金	
315,000	29,000
37,000	97,000
81,000	53,000

普通預金	
583,000	43,000
152,000	110,000
600,000	
400,000	

売掛金	
116,000	81,000
77,000	

機械装置	
624,000	

建　物	
1,257,000	

乳　牛	
758,000	

買掛金	
53,000	74,000

短期借入金	
100,000	235,000
130,000	

長期借入金	
	918,000
	130,000

資本金	
	2,384,000

事業主貸	
165,000	
100,000	

事業主借	
	35,000
	40,000

肥料費	
43,000	

農薬費	
29,000	

飼料費	
74,000	

雇人費	
97,000	

支払利息	
10,000	

荷造運賃手数料	
17,000	
18,000	

白菜売上高	
	83,000
	100,000

牛乳売上高	
	637,000
	787,000

解答するうえでの留意点

1．元帳の借方合計を合計残高試算表の借方合計欄に単純に転記する。

2．同じく元帳の貸方合計を合計残高試算表の貸方合計欄に単純に転記する。

3．各勘定科目の借方と貸方の合計金額を比較して金額の大きい方の残高欄にその差額を記入する（元帳の残高欄からの転記もある）。合計金額の一方が空欄の場合は、合計額をそのまま残高欄に記入し、合計金額に差がなければ、残高欄には記入しない。

4．仕訳帳から元帳への転記ミスがなければ、借方合計と貸方合計は必ず一致する。

【テキスト72~74頁、89頁】

問11 家事消費及び事業消費に関する、決算整理仕訳を行いなさい（解答用紙13頁）。

玄米の家事消費　120,000円、　野菜の家事消費　30,000円

【テキスト72~74頁、90~91頁】

問12 次の資料をもとに、決算整理仕訳を行いなさい（解答用紙13頁）。

（1）農産物棚卸

玄　米　〔期首残高　100,000円　期末残高　120,000円〕

（2）農産物以外棚卸（肥料・農薬等）

肥　料　〔期首残高　40,000円　期末残高　50,000円〕

農　薬　〔期首残高　20,000円　期末残高　10,000円〕

【テキスト72~74頁、89頁】

問13 家事関連費に関する決算整理仕訳を行いなさい（解答用紙14頁）。

農業の費用に計上していた電気代の一部（30,000円）を家計に振り替える。

【テキスト93～105頁】

問14 次の償却資産について、表中の「償却率」と「償却期間」を埋めたのち、2021年分の減価償却費を計算しなさい（解答用紙14頁）。

資産の名称	取得年月	取得価額	法定耐用年数	償却率	償却期間	償却方法
パイプハウス	2016年７月	3,500,000円	10年			定額法
トラクター	2017年５月	4,000,000円	７年			〃
乳　　　牛	2021年８月	450,000円	４年			〃

【テキスト35～36頁、75～77頁】

問15 次の減価償却費の決算仕訳及び問題11～13の決算仕訳を加味し、解答用紙にある精算表を作成しなさい（解答用紙15頁）。

減価償却費	1,324,500	建　　物	207,000
		構 築 物	360,000
		機械装置	577,500
		車両運搬具	180,000

解答

問1

現金（資産）	売掛金（資産）	未払金（負債）
農薬費（費用）	車両運搬具（資産）	農薬（資産）
大根売上高（収益）	資本金（資本）	修繕費（費用）
乳牛（資産）	肥料（資産）	普通預金（資産）
肥料費（費用）	借入金（負債）	預り金（負債）
定期預金（資産）	玄米（資産）	種苗費（費用）
事業主借（資本）	飼料費（費用）	土地（資産）
未収金（資産）	荷造運賃手数料（費用）	牛乳売上高（収益）
買掛金（負債）	機械装置（資産）	事業主貸（資本）
支払利息（費用）	飼料（資産）	専従者給与（費用）
建物（資産）	雑収入（収益）	果樹（資産）

問2

（1）

貸借対照表

××年1月1日現在

資産	金額	負債・資本	金額
現金	253,000	買掛金	185,000
普通預金	2,515,000	長期借入金	873,000
売掛金	250,000		
建物	2,000,000		
構築物	400,000		
機械装置	1,854,000	資本（金）	8,864,000
車両運搬具	650,000		
土地	2,000,000		
	9,922,000		9,922,000

（2）

貸 借 対 照 表

××年12月31日現在

資　　　産	金　　額	負債・資本	金　　額
現　　　金	347,000	買　掛　金	144,000
普 通 預 金	3,653,000	長期借入金	773,000
売　掛　金	234,000		
建　　　物	2,300,000		
構　築　物	300,000		
機 械 装 置	1,704,000	資本（金）	10,171,000
車両運搬具	550,000		
土　　　地	2,000,000		
	11,088,000		11,088,000

（3）

期末資本（10,171,000）－期首資本（8,864,000）＝純利益（1,307,000）

（4）

損 益 計 算 書

××年1月1日～××年12月31日

費　　　用	金　　額	収　　　益	金　　額
肥　料　費	173,000	玄米売上高	1,150,000
農　薬　費	93,000	大根売上高	1,274,000
諸 材 料 費	259,000	雑　収　入	102,000
修　繕　費	134,000		
支 払 利 息	10,000		
減価償却費	550,000		
純　利　益	1,307,000		
	2,526,000		2,526,000

問3

	期首B/S			期末B/S			P/L		純利益または純損失
	資産	負債	資本	資産	負債	資本	費用	収益	
A	**68,000**	32,000	36,000	72,000	41,000	**31,000**	43,000	**38,000**	**▲5,000**
B	2,700	1,200	**1,500**	**2,500**	700	**1,800**	**1,600**	1,900	300
C	**12,000**	4,800	**7,200**	15,200	**6,400**	8,800	5,600	**7,200**	1,600
D	18,000	**9,500**	**8,500**	18,500	**17,000**	1,500	**38,000**	31,000	▲7,000

問4

	○ or ×	想定される勘定科目	
(1) 肥料¥5,000を購入し、現金で支払った。	(○)	(肥　料　費)	(現　　　金)
(2) 軽トラックを¥500,000で購入し、代金を普通預金から支払った。	(○)	(車両運搬具)	(普 通 預 金)
(3) 農協に¥300,000の借金を申し込んだ。	(×)	(　　　)	(　　　)
(4) A商店に大根¥37,000を現金で販売した。	(○)	(現　　　金)	(大根売上高)
(5) 農薬¥23,000を買い、代金は後払いとした。	(○)	(農　薬　費)	(買　掛　金)
(6) 現金¥120,000をB銀行に預け入れた。	(○)	(普 通 預 金)	(現　　　金)
(7) 火災にあい、納屋を焼失した。	(○)	(固定資産除却損)	(建　　　物)
(8) パート賃金¥30,000を現金で支払った。	(○)	(雇　人　費)	(現　　　金)
(9) C商店とトラクターを¥1,000,000で買う契約を結んだ。	(×)	(　　　)	(　　　)
(10) 未払金¥23,000を現金で支払った。	(○)	(未　払　金)	(現　　　金)

問5

① 現金の増加 ←→ 普通預金の減少

② 肥料費の発生 ←→ 現金の減少

③ 農薬費の発生 ←→ 買掛金の増加

④ 現金の増加 ←→ 玄米売上高の発生

⑤ 売掛金の増加 ←→ 大根売上高の発生

⑥ 買掛金の減少 ←→ 現金の減少

⑦ 普通預金の増加 ←→ 売掛金の減少

⑧ 現金の増加 ←→ 借入金の増加

⑨ 現金の増加
荷造運賃手数料の発生 ←→ナシ売上高の発生

⑩ 事業主貸の増加（資本の減少） ←→ 普通預金の減少

問6

〔仕　訳　帳〕

	日付		借方		貸方	
			科目名	金額	科目名	金額
	1	10	普通預金A	200,000	玄米売上高	200,000
	1	11	現金	50,000	普通預金A	50,000
	1	12	肥料費	20,000	現金	20,000
	1	13	農薬費	8,000	普通預金A	8,000
	1	14	普通預金B	500,000	短期借入金	500,000
	1	15	売掛金	180,000	白菜売上高	180,000
	1	17	普通預金A	300,000	牛乳売上高	300,000
			荷造運賃手数料	15,000	普通預金A	15,000
もしくは	1	17	普通預金A	285,000	牛乳売上高	300,000
			荷造運賃手数料	15,000		
	1	18	飼料費	120,000	買掛金	120,000
	1	20	事業主貸	100,000	普通預金B	100,000
	1	21	機械装置	2,000,000	未払金	2,000,000
	1	22	専従者給与	150,000	普通預金A	150,000
			普通預金A	2,980	源泉税預り金	2,980
もしくは	1	22	専従者給与	150,000	普通預金A	147,020
					源泉税預り金	2,980
	1	23	買掛金	120,000	普通預金B	120,000
	1	25	普通預金A	18,000	事業主借	18,000
	1	26	現金	180,000	売掛金	180,000
	1	28	短期借入金	100,000	普通預金B	100,000
			支払利息	3,000	普通預金B	3,000
もしくは	1	28	短期借入金	100,000	普通預金B	103,000
			支払利息	3,000		
	1	30	諸材料費	3,000	事業主借	3,000
	計			4,069,980		4,069,980

注：合計額には「もしくは」（あみかけ部分）の仕訳は含んでいません。

問7

（1）肥料を買い、その代金￥20,000を現金で支払った。

（2）現金￥50,000を普通預金Ａに預け入れた。

（3）玄米を売り、その代金￥76,000は後日受け取ることとした。

（4）農薬を買い、その代金￥17,000を家計の現金で支払った。

（5）現金￥90,000を借り入れた（返済期限１年以内)。

（6）家計費として￥100,000を普通預金Ｂから引き落とした。

（7）牛乳を売り、その代金￥300,000から出荷手数料￥15,000を差し引かれ、残りの金額￥285,000が普通預金Ａに入金された。

（8）代金を後日受け取る約束で売った農産物の代金￥35,000を現金で受け取った。

（9）大根を売り、その代金￥26,000が普通預金Ａに入金された。

（10）未払金￥500,000を普通預金Ｂから支払った。

（11）機械を買い、その代金￥200,000を普通預金Ａから支払った。

（12）長期借入金の元金￥100,000を利息￥5,000とともに普通預金Ｂから返済した。

問8

現　　　金

月	日	摘要	借方	貸方	残高
1	11	普通預金A	50,000		50,000
1	12	肥　料　費		20,000	30,000
1	26	売　掛　金	180,000		210,000
			230,000	20,000	210,000

普通預金A

月	日	摘要	借方	貸方	残高
1	10	玄米売上高	200,000		200,000
1	11	現　　　金		50,000	150,000
1	13	農　薬　費		8,000	142,000
1	17	牛乳売上高	285,000		427,000
1	22	専従者給与		147,020	279,980
1	25	事業主借	18,000		297,980
			503,000	205,020	297,980

普通預金B

月	日	摘要	借方	貸方	残高
1	14	短期借入金	500,000		500,000
1	20	事業主貸		100,000	400,000
1	23	買　掛　金		120,000	280,000
1	28	諸　　　口		103,000	177,000
			500,000	323,000	177,000

売　掛　金

月	日	摘要	借方	貸方	残高
1	15	白菜売上高	180,000		180,000
1	26	現　　　金		180,000	0
			180,000	180,000	0

機械装置

月	日	摘要	借方	貸方	残高
1	21	未払金	2,000,000		2,000,000
			2,000,000		2,000,000

短期借入金

月	日	摘要	借方	貸方	残高
1	14	普通預金B		500,000	500,000
1	28	普通預金B	100,000		400,000
			100,000	500,000	400,000

買掛金

月	日	摘要	借方	貸方	残高
1	18	飼料費		120,000	120,000
1	23	普通預金B	120,000		0
			120,000	120,000	0

未払金

月	日	摘要	借方	貸方	残高
1	21	機械装置		2,000,000	2,000,000
				2,000,000	2,000,000

源泉税預り金

月	日	摘要	借方	貸方	残高
1	22	専従者給与		2,980	2,980
				2,980	2,980

事業主貸

月	日	摘要	借方	貸方	残高
1	20	普通預金B	100,000		100,000
			100,000		100,000

事業主借

月	日	摘要	借方	貸方	残高
1	25	普通預金A		18,000	18,000
1	30	諸材料費		3,000	21,000
				21,000	21,000

肥料費

月	日	摘要	借方	貸方	残高
1	12	現　金	20,000		20,000
			20,000		20,000

農薬費

月	日	摘要	借方	貸方	残高
1	13	普通預金A	8,000		8,000
			8,000		8,000

飼料費

月	日	摘要	借方	貸方	残高
1	18	買掛金	120,000		120,000
			120,000		120,000

諸材料費

月	日	摘要	借方	貸方	残高
1	30	事業主借	3,000		3,000
			3,000		3,000

支 払 利 息

月	日	摘要	借方	貸方	残高
1	28	普通預金B	3,000		3,000
			3,000		3,000

専 従 者 給 与

月	日	摘要	借方	貸方	残高
1	22	諸　　口	150,000		150,000
			150,000		150,000

荷造運賃手数料

月	日	摘要	借方	貸方	残高
1	17	牛乳売上高	15,000		15,000
			15,000		15,000

玄 米 売 上 高

月	日	摘要	借方	貸方	残高
1	10	普通預金A		200,000	200,000
				200,000	200,000

白 菜 売 上 高

月	日	摘要	借方	貸方	残高
1	15	売 掛 金		180,000	180,000
				180,000	180,000

牛 乳 売 上 高

月	日	摘要	借方	貸方	残高
1	17	諸　　口		300,000	300,000
				300,000	300,000

1月10日　現金￥1,000を普通預金口座に入金した。

1月15日　現金￥5,000を借りた。

1月20日　飼料￥3,000を代金後日払いで買った。

1月25日　玄米￥7,000を代金後日入金の約束で売った。

合計残高試算表

××年12月31日現在

借方		勘定科目	貸方	
残高	合計		合計	残高
254,000	433,000	現金	179,000	
1,582,000	1,735,000	普通預金	153,000	
112,000	193,000	売掛金	81,000	
624,000	624,000	機械装置		
1,257,000	1,257,000	建物		
758,000	758,000	乳牛		
	53,000	買掛金	74,000	21,000
	230,000	短期借入金	235,000	5,000
		長期借入金	1,048,000	1,048,000
		資本金	2,384,000	2,384,000
265,000	265,000	事業主貸		
		事業主借	75,000	75,000
43,000	43,000	肥料費		
29,000	29,000	農薬費		
74,000	74,000	飼料費		
97,000	97,000	雇人費		
10,000	10,000	支払利息		
35,000	35,000	荷造運賃手数料		
		白菜売上高	183,000	183,000
		牛乳売上高	1,424,000	1,424,000
5,140,000	5,836,000		5,836,000	5,140,000

問11

日付		借方		貸方	
		科目名	金額	科目名	金額
12	31	事業主貸	150,000	家事消費	150,000

問12

（1）農産物の棚卸

日付		借方		貸方	
		科目名	金額	科目名	金額
12	31	農産物期首棚卸高	100,000	玄米	100,000
12	31	玄米	120,000	農産物期末棚卸高	120,000

（2）農産物以外の棚卸（肥料・農薬等）

日付		借方		貸方	
		科目名	金額	科目名	金額
12	31	農産物以外期首棚卸高	60,000	肥料	40,000
				農薬	20,000
12	31	肥料	50,000	農産物以外期末棚卸高	60,000
		農薬	10,000		

問13

日付		借方		貸方	
		科目名	金額	科目名	金額
12	31	事業主貸	30,000	動力光熱費	30,000

減価償却費計算表

資産の名称	取得年月	取得価額 (A)	償却率 (B)	償却期間 (C)	減価償却費 (A×B×C)
パイプハウス	2016年7月	3,500,000	0.100	12/12	350,000
トラクター	2017年5月	4,000,000	0.143	12/12	572,000
乳　　　牛	2021年8月	450,000	0.250	5/12	46,875

問15

精算表

勘定科目	残高試算表		修正記入		修正後残高試算表		損益計算書		貸借対照表	
	借方	貸方	借方	貸方	借方	貸方	借方	貸方	借方	貸方
現金	350,000				350,000				350,000	
普通預金	5,700,000				5,700,000				5,700,000	
売掛金	350,000				350,000				350,000	
玄米	100,000		120,000	100,000	120,000				120,000	
肥料	40,000		50,000	40,000	50,000				50,000	
農薬	20,000		10,000	20,000	10,000				10,000	
建物	4,120,250			207,000	3,913,250				3,913,250	
構築物	1,880,000			360,000	1,520,000				1,520,000	
機械装置	4,043,000			577,500	3,465,500				3,465,500	
車両運搬具	485,000			180,000	305,000				305,000	
乳牛	3,500,000				3,500,000				3,500,000	
土地	2,500,000				2,500,000				2,500,000	
買掛金		146,000				146,000				146,000
長期借入金		2,500,000				2,500,000				2,500,000
資本金		15,633,250				15,633,250				15,633,250
事業主貸	750,000		180,000		930,000				930,000	
事業主借		350,000				350,000				350,000
租税公課	150,000				150,000		150,000			
肥料費	450,000				450,000		450,000			
農薬費	250,000				250,000		250,000			
飼料費	2,500,000				2,500,000		2,500,000			
動力光熱費	360,000			30,000	330,000		330,000			
荷造運賃手数料	256,000				256,000		256,000			
青色専従者給与	2,250,000				2,250,000		2,250,000			
玄米売上高		1,575,000				1,575,000		1,575,000		
牛乳売上高		9,850,000				9,850,000		9,850,000		
	30,054,250	30,054,250								
家事消費				150,000		150,000		150,000		
農産物期首棚卸高			100,000		100,000		100,000			
農産物期末棚卸高				120,000		120,000		120,000		
農産物以外期首棚卸高			60,000		60,000		60,000			
農産物以外期末棚卸高				60,000		60,000		60,000		
減価償却費			1,324,500		1,324,500		1,324,500			
			1,844,500	1,844,500	30,384,250	30,384,250				
当期純利益							4,084,500			4,084,500
							11,755,000	11,755,000	22,713,750	22,713,750

令和版　記帳感覚が身につく
複式農業簿記実践演習帳

令和３年５月　発行　　　**定価420円**（本体価格382円+税）

発行　一般社団法人　全国農業会議所

〒102-0084　東京都千代田区二番町9-8
（中央労働基準協会ビル内）
TEL 03-6910-1131
FAX 03-3261-5134

R03-08

別冊

記帳感覚が身につく

複式農業簿記実践演習帳

解答用紙

一般社団法人　全国農業会議所

問1

	○ or ×	想定される勘定科目	
（1）肥料¥5,000を購入し、現金で支払った。	（　）	（　）	（　）
（2）軽トラックを¥500,000で購入し、代金を普通預金から支払った。	（　）	（　）	（　）
（3）農協に¥300,000の借金を申し込んだ。	（　）	（　）	（　）
（4）A商店に大根¥37,000を現金で販売した。	（　）	（　）	（　）
（5）農薬¥23,000を買い、代金は後払いとした。	（　）	（　）	（　）
（6）現金¥120,000をB銀行に預け入れた。	（　）	（　）	（　）
（7）火災にあい、納屋を焼失した。	（　）	（　）	（　）
（8）パート賃金¥30,000を現金で支払った。	（　）	（　）	（　）
（9）C商店とトラクターを¥1,000,000で買う契約を結んだ。	（　）	（　）	（　）
（10）未払金¥23,000を現金で支払った。	（　）	（　）	（　）

問2

（1）

貸借対照表

××年1月1日現在

資　　産	金　　額	負債・資本	金　　額
		資本（金）	
計		計	

(2)

貸借対照表

××年12月31日現在

資　　産	金　　額	負債・資本	金　　額
		資本（金）	
計		計	

(3)

期末資本（　　　　　　）－期首資本（　　　　　　）＝純利益（　　　　　　）

(4)

損益計算書

××年1月1日～××年12月31日

費　　用	金　　額	収　　益	金　　額
純利益			
計		計	

問3

	期首 B/S			期末 B/S			P/L		純利益または純損失
	資産	負債	資本	資産	負債	資本	費用	収益	
A		32,000	36,000	72,000	41,000		43,000		
B	2,700	1,200			700			1,900	300
C		4,800		15,200		8,800	5,600		1,600
D	18,000			18,500		1,500		31,000	▲7,000

問4

現　　　金（　　　　）売　掛　金（　　　　）未　払　金（　　　　）
農　薬　費（　　　　）車両運搬具（　　　　）農　　　薬（　　　　）
大根売上高（　　　　）資　本　金（　　　　）修　繕　費（　　　　）
乳　　　牛（　　　　）肥　　　料（　　　　）普通預金（　　　　）
肥　料　費（　　　　）借　入　金（　　　　）預　り　金（　　　　）
定期預金（　　　　）玄　　　米（　　　　）種　苗　費（　　　　）
事業主借（　　　　）飼　料　費（　　　　）土　　　地（　　　　）
未　収　金（　　　　）荷造運賃手数料（　　　　）牛乳売上高（　　　　）
買　掛　金（　　　　）機械装置（　　　　）事業主貸（　　　　）
支払利息（　　　　）飼　　　料（　　　　）専従者給与（　　　　）
建　　　物（　　　　）雑　収　入（　　　　）果　　　樹（　　　　）

問5

① ←→

② ←→

③ ←→

④ ←→

⑤ ←→

⑥ ←→

⑦ ←→

⑧ ←→

⑨ ←→

⑩ ←→

問6

〔仕　訳　帳〕

日付		借方		貸方	
		科目名	金額	科目名	金額
計					

問7

(1)

(2)

(3)

(4)

(5)

(6)

(7)

(8)

(9)

(10)

(11)

(12)

問8

現　　　　金

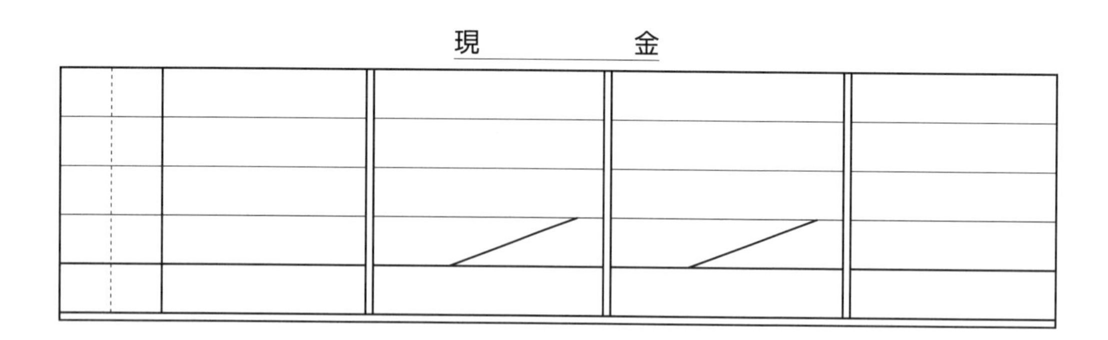

普 通 預 金 A

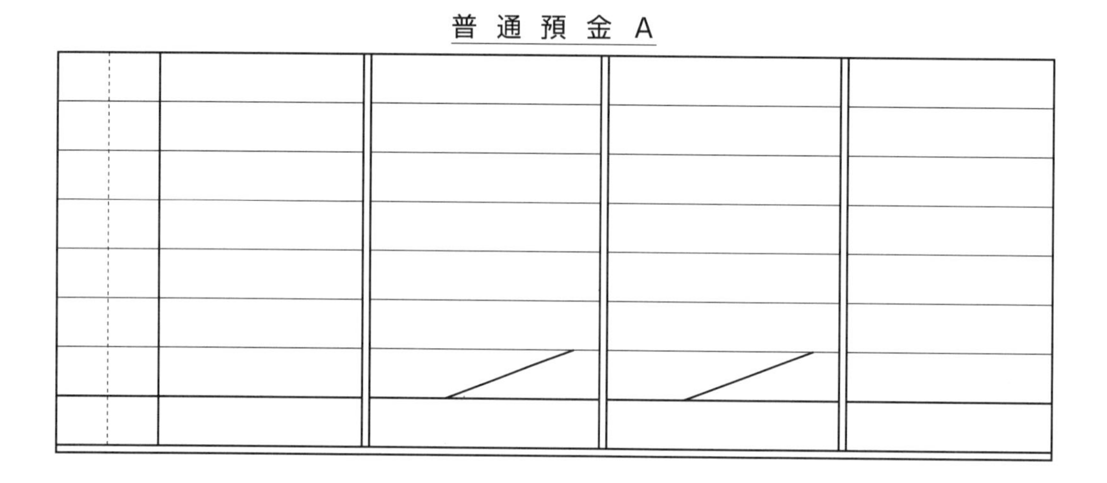

普 通 預 金 B

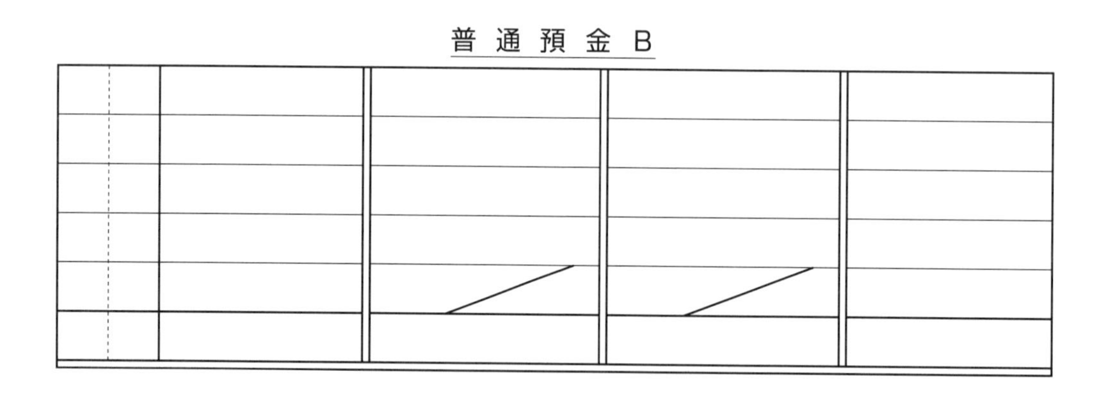

売　　掛　　金

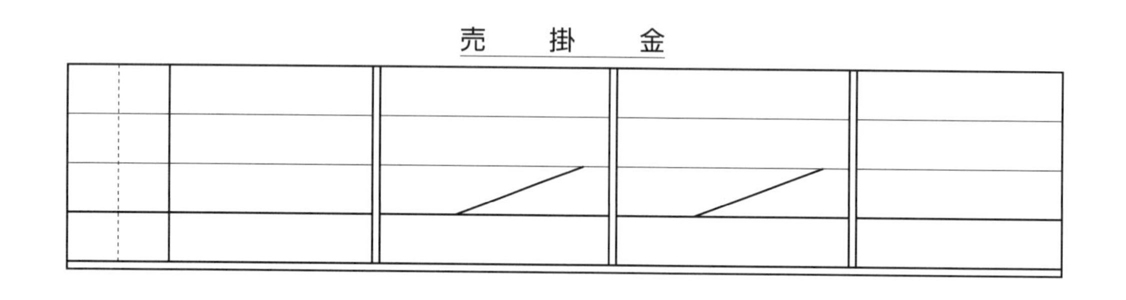

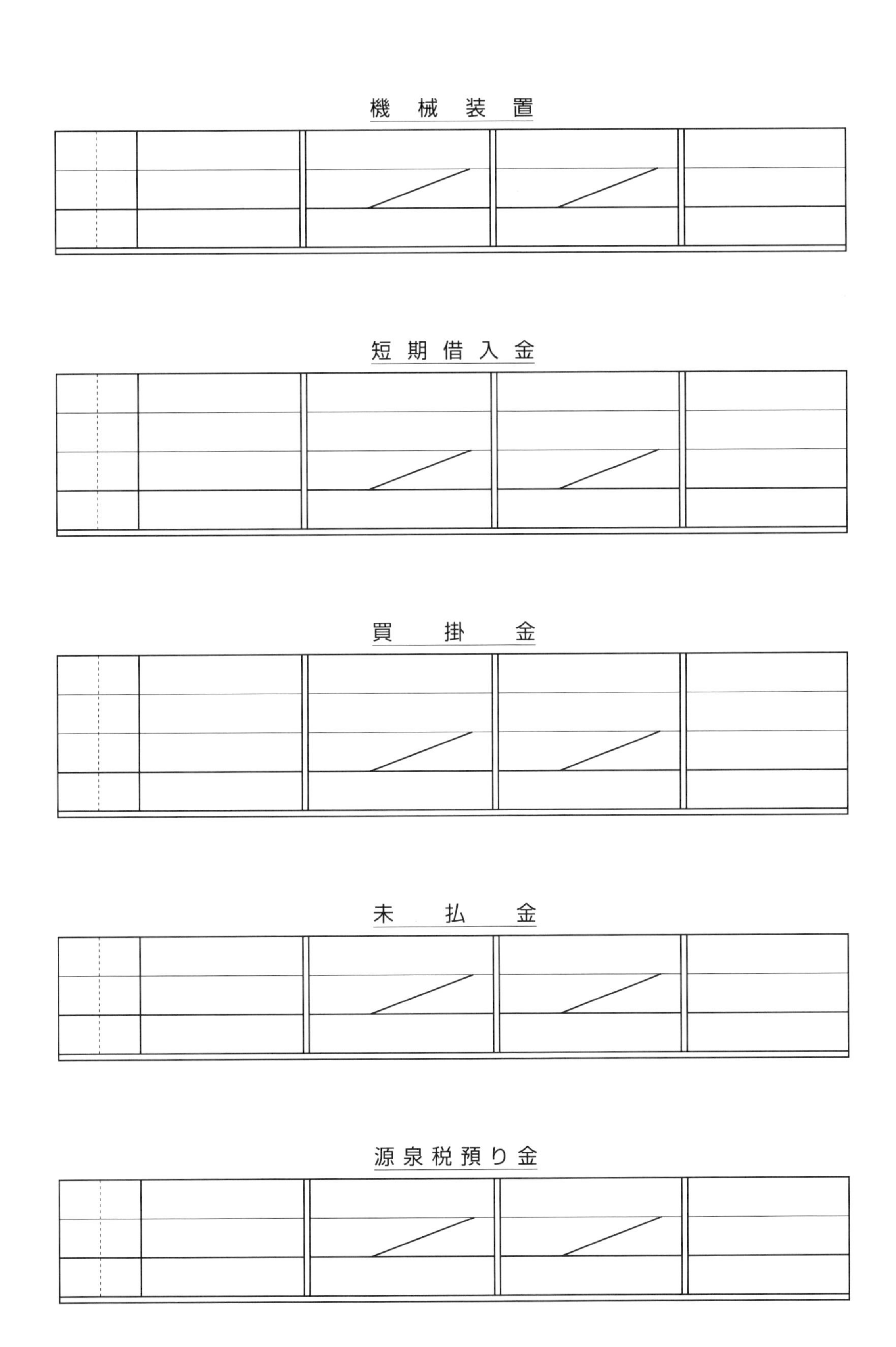
機　械　装　置
短期借入金
買　掛　金
未　払　金
源泉税預り金

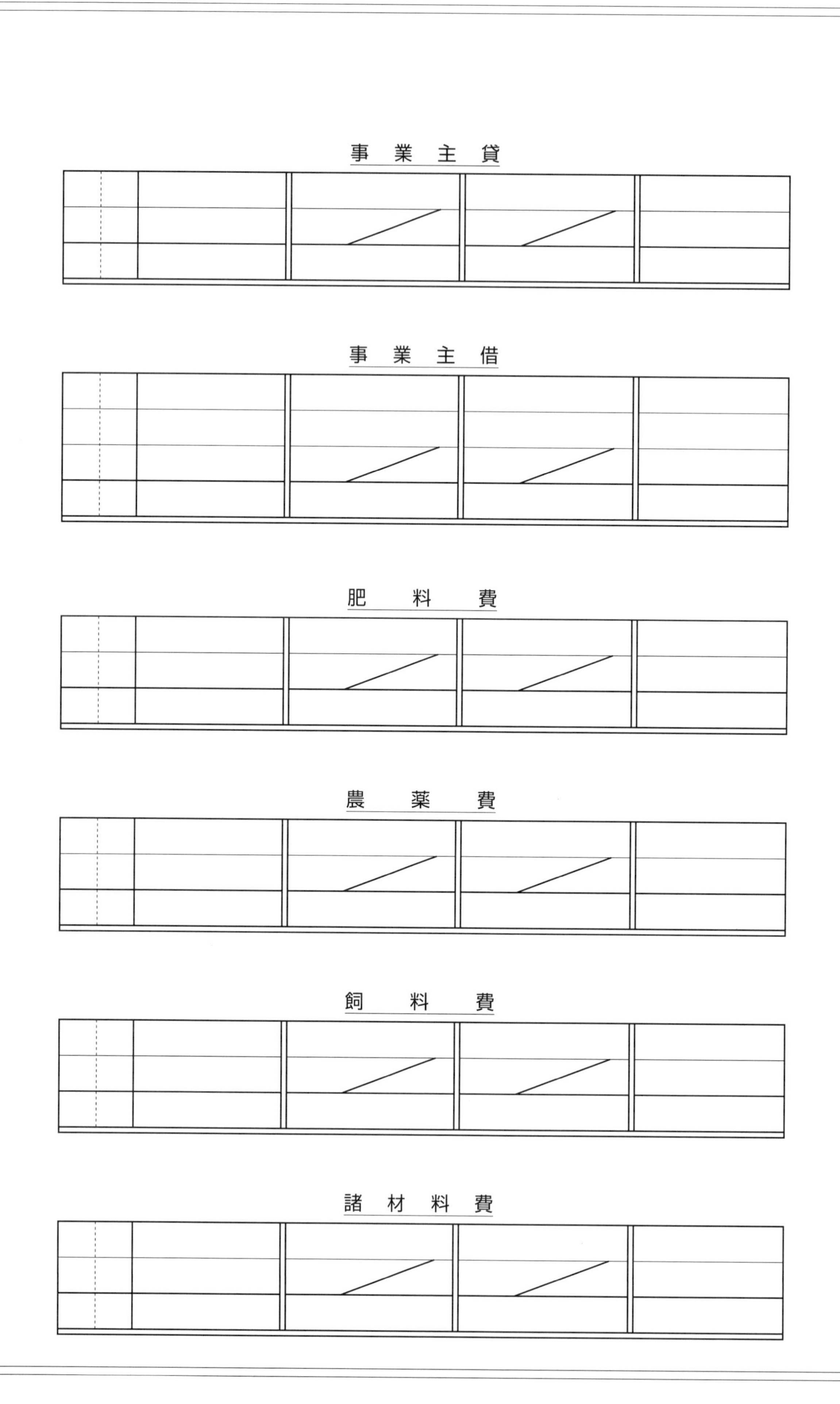
事　業　主　貸
事　業　主　借
肥　　料　　費
農　　薬　　費
飼　　料　　費
諸　材　料　費

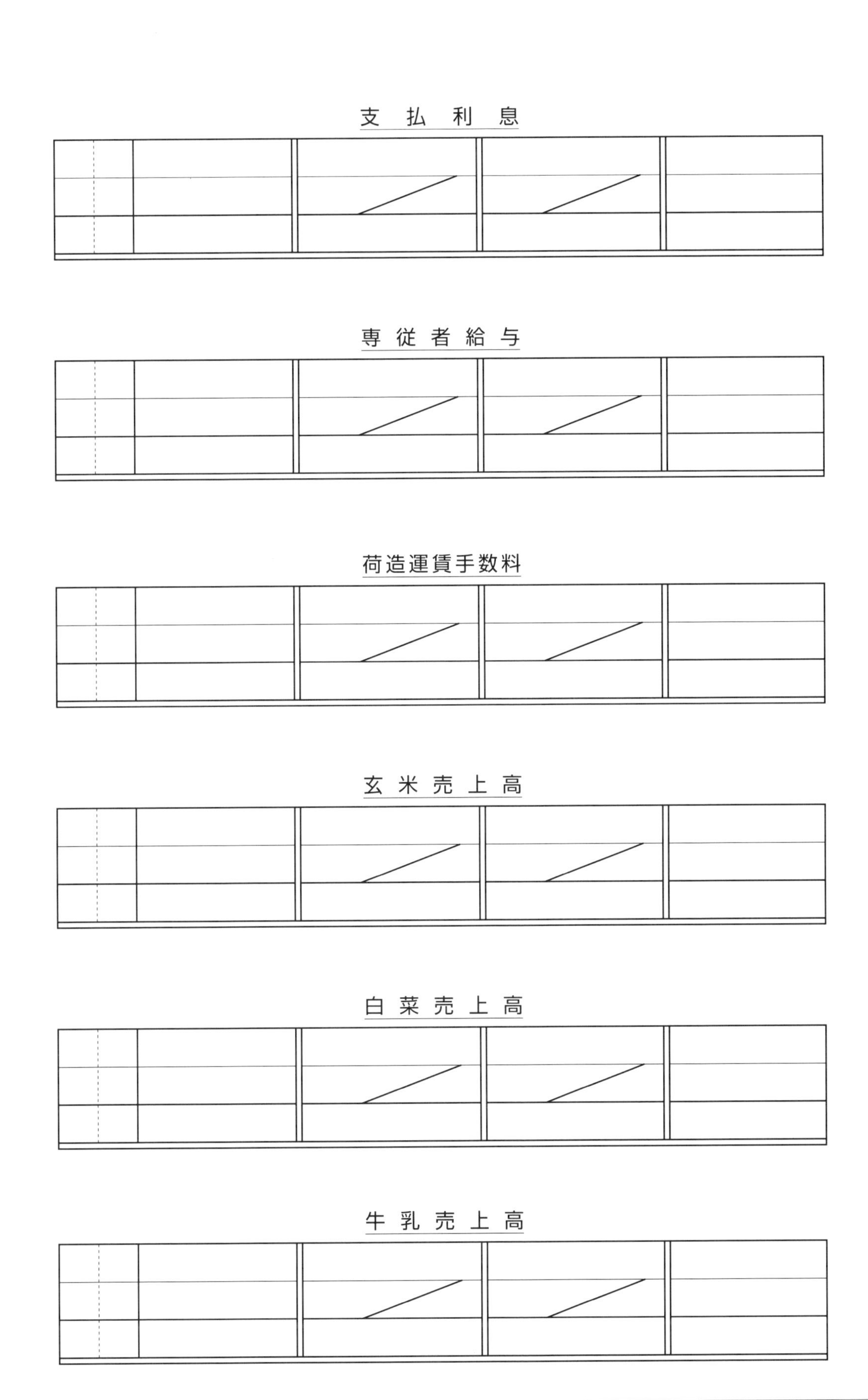
支 払 利 息
専 従 者 給 与
荷造運賃手数料
玄 米 売 上 高
白 菜 売 上 高
牛 乳 売 上 高

問9

〔　月　日〕

〔　月　日〕

〔　月　日〕

〔　月　日〕

合 計 残 高 試 算 表

××年12月31日現在

借方		勘定科目	貸方	
残高	合計		合計	残高
		現金		
		普通預金		
		売掛金		
		機械装置		
		建物		
		乳牛		
		買掛金		
		短期借入金		
		長期借入金		
		資本金		
		事業主貸		
		事業主借		
		肥料費		
		農薬費		
		飼料費		
		雇人費		
		支払利息		
		荷造運賃手数料		
		白菜売上高		
		牛乳売上高		

問11

日付		借方		貸方	
		科目名	金額	科目名	金額

問12

（1）農産物の棚卸

日付		借方		貸方	
		科目名	金額	科目名	金額

（2）農産物以外の棚卸（肥料・農薬等）

日付		借方		貸方	
		科目名	金額	科目名	金額

問13

日付		借方		貸方	
		科目名	金額	科目名	金額

問14

減価償却費計算表

資産の名称	取得年月	取得価額（A）	償却率（B）	償却期間（C）	減価償却費（A×B×C）
パイプハウス	2016年7月	3,500,000			
トラクター	2017年5月	4,000,000			
乳牛	2021年8月	450,000			

問15

精算表

勘定科目	残高試算表		修正記入		修正後残高試算表		損益計算書		貸借対照表	
	借方	貸方	借方	貸方	借方	貸方	借方	貸方	借方	貸方
現金	350,000									
普通預金	5,700,000									
売掛金	350,000									
玄米	100,000									
肥料	40,000									
農薬	20,000									
建物	4,120,250									
構築物	1,880,000									
機械装置	4,043,000									
車両運搬具	485,000									
乳牛	3,500,000									
土地	2,500,000									
買掛金		146,000								
長期借入金		2,500,000								
資本金		15,633,250								
事業主貸	750,000									
事業主借		350,000								
租税公課	150,000									
肥料費	450,000									
農薬費	250,000									
飼料費	2,500,000									
動力光熱費	360,000									
荷造運賃手数料	256,000									
青色専従者給与	2,250,000									
玄米売上高		1,575,000								
牛乳売上高		9,850,000								
	30,054,250	30,054,250								
家事消費										
農産物期首棚卸高										
農産物期末棚卸高										
農産物以外期首棚卸高										
農産物以外期末棚卸高										
減価償却費										
当期純利益										